Anonym

Die Ursachen und Folgen des Rückgangs alter Kartoffelsorten

Erhalt der Sortenvielfalt

GRIN Verlag

Bibliografische Information der Deutschen Nationalbibliothek:

Die Deutsche Bibliothek verzeichnet diese Publikation in der Deutschen National-
bibliografie; detaillierte bibliografische Daten sind im Internet über http://dnb.d-
nb.de/ abrufbar.

Dieses Werk sowie alle darin enthaltenen einzelnen Beiträge und Abbildungen
sind urheberrechtlich geschützt. Jede Verwertung, die nicht ausdrücklich vom
Urheberrechtsschutz zugelassen ist, bedarf der vorherigen Zustimmung des Verla-
ges. Das gilt insbesondere für Vervielfältigungen, Bearbeitungen, Übersetzungen,
Mikroverfilmungen, Auswertungen durch Datenbanken und für die Einspeicherung
und Verarbeitung in elektronische Systeme. Alle Rechte, auch die des auszugsweisen
Nachdrucks, der fotomechanischen Wiedergabe (einschließlich Mikrokopie) sowie
der Auswertung durch Datenbanken oder ähnliche Einrichtungen, vorbehalten.

Impressum:

Copyright © 2011 GRIN Verlag GmbH
Druck und Bindung: Books on Demand GmbH, Norderstedt Germany
ISBN: 978-3-640-89043-9

Dieses Buch bei GRIN:

http://www.grin.com/de/e-book/170244/die-ursachen-und-folgen-des-rueckgangs-
alter-kartoffelsorten

GRIN - Your knowledge has value

Der GRIN Verlag publiziert seit 1998 wissenschaftliche Arbeiten von Studenten, Hochschullehrern und anderen Akademikern als eBook und gedrucktes Buch. Die Verlagswebsite www.grin.com ist die ideale Plattform zur Veröffentlichung von Hausarbeiten, Abschlussarbeiten, wissenschaftlichen Aufsätzen, Dissertationen und Fachbüchern.

Besuchen Sie uns im Internet:

http://www.grin.com/

http://www.facebook.com/grincom

http://www.twitter.com/grin_com

Inhaltsverzeichnis

1. Problemaufriss

Die Kartoffel ist nach Reis, Weizen und Mais weltweit wichtigstes Ernährungsmittel. Und mausert sich Richtung Welternährungsmittel Nr. 1. Die FAO hat 2008 das „Internationale Jahr der Kartoffel" ausgerufen und damit auf die große Bedeutung der Kartoffel für die Welternährung hingewiesen. 85 Prozent einer Pflanze dienen der Ernährung, bei Getreiden sind es nur etwa 50 Prozent.[1] In den vergangenen Jahren brachte die Forschung außerdem eine ganze Reihe von Non-Food-Industrieanwendungen der Kartoffel hervor. Beispiele sind die Herstellung von Plastik (etwa für Wegwerfteller und -gedecke), Medikamente («Pharma Crops») oder Ethanol (Treibstoff für Autos). Seit dem ist ein paradoxes Phänomen aufgetreten; Im Lebensmittelhandel kommen ständig neue Lebensmittel hinzu, auf der anderen Seite jedoch schwindet die Artenvielfalt der Kartoffel in der Landwirtschaft: Artenvielfalt ist in der industriellen Kartoffelproduktion Fehlanzeige, angebaut werden in der Regel Hochleistungssorten, die möglichst gleichgroß, gleichförmig und wenig anfällig sind. Doch wo bleibt da die Artenvielfalt im Kartoffelanbau? Wo sind die alten Kartoffelsorten? Diese Hausarbeit beschäftigt sich mit den Gründen und Folgen des Verschwindens von alten Kartoffelsorten. Sie untersucht dazu zunächst den Zusammenhang von rechtlichen und wirtschaftlichen Interessen und zeigt im letzten Schritt die Folgen des Rückgangs der Artenvielfalt eines der wichtigsten Nahrungsmittel unserer Erde.

2. Definition und Bedeutung der Kartoffel als Kulturpflanze

Kulturpflanzen entstanden durch Züchtung aus wildwachsenden Pflanzenarten, um sie als Nutzpflanzen anzubauen. Durch Züchtung und Auslese hat der Mensch eine enorme biologische Vielfalt hervorgebracht. Das Ziel von Auslese und Züchtung ist, eine optimierte Nutzpflanze, die beispielsweise höher im Ertrag, resistenter gegen Schädlinge oder Krankheiten zu erschaffen und damit risikoloser und effizienter anbaubar ist. Der Internationale Code der Nomenklatur der Kulturpflanzen oder International Code of Nomenclature for Cultivated Plants (ICNCP) regelt die einheitliche Benennung von Kulturpflanzen-Sorten. Er wurde von William Thomas Stearn entwickelt und 1952 vom 13. Internationalen Gartenbau-Kongress in London beschlossen. Seither wurde er mehrfach überarbeitet. Der Kode soll sicherstellen, dass Kulturpflanzen anhand ihrer Namen eindeutig identifizierbar sind und dient der Verständigung zwischen Züchtern, Gartenhandel und Pflanzenliebhabern, auch über Länder- und Sprachgrenzen hinweg. Gegenstand des ICNCP sind nur die Namen der Sorten, nicht deren Einteilung, ihre Merkmale oder rechtliche Aspekte des Sortenschutzes.[2] In Deutschland ist das Bundessortenamt für den

---

[1]   FAO (2008): Internatonal Year of the potatoe.
         http://www.potato2008.org/en/aboutiyp/index.html (Zugriff:12.12.2010).

         International Society for Horticultural Science (2004): International Code of Nomenclature for Cultivated Plants.

Sortenschutz und die Sortenzulassung von Kulturpflanzen zuständig. Es wirkt aber auch auf internationaler Ebene an der Weiterentwicklung des sorten- und saatgutrechtlichen Rahmens mit.[3] Eine Kulturpflanze ist auch die Kartoffel. Sie stammt aus der Familie der Nachtschattengewächse (Solanaceae). Im allgemeinen Sprachgebrauch wird „Kartoffel" für die unterirdischen Knollen verwendet. Über diese Knollen kann sich die Pflanze vegetativ vermehren. Das Bundessortenamt kennt 206 in Deutschland zugelassene Sorten. Weltweit werden jährlich etwa 300 Millionen Tonnen Kartoffeln geerntet. Diese Kulturpflanze ist damit in großen Teilen der Welt, auch in Mitteleuropa, ein wichtiges Grundnahrungsmittel. Laut der Ernährungs- und Landwirtschaftsorganisation der vereinten Nationen (FAO) betrug im Jahr 2009 die Weltproduktion 325 Millionen Tonnen Kartoffeln. 73 % der Erntemenge wird dabei von den 12 führenden Kartoffelanbauländern erbracht: China, Russland, Indien, Ukraine, USA, Deutschland und Polen (in dieser Reihenfolge).

3. Gründe für das Verschwinden von alten Kartoffelsorten und Artenvielfalt

Nachfolgend soll nun untersucht werden, was die Gründe für das Verschwinden von alten Kartoffelsorten sind.

a) Industrielle Verarbeitung der Kartoffel

Die in früheren Jahren entstandene Artenvielfalt der Kartoffel ist im Rahmen der Industrialisierung und Massenproduktion von Kartoffeln in der Landwirtschaft wieder zurückgedrängt worden. Die Züchtung und Verbreitung von Hochleistungssorten seit den 1950er Jahren verdrängte weniger ertragreiche Kartoffelsorten. Die Kartoffeln wurden auf möglichst hohen Ernteertrag, möglichst geringe Krankheitsanfälligkeit und Größe gezüchtet. Eine weitere Folge der Industrialisierung des Kartoffelanbaus sind die Anforderungen der Industrie zur Weiterverarbeitung der geernteten Kartoffeln in automatisierten Betrieben und damit einer Normkartoffel. Die reibungslose, automatisierte Weiterverarbeitung zu Kartoffelprodukten wie Chips, Pommes und Kartoffelpuffer erfordern möglichst große, gleichförmige Kartoffeln, die sich maschinell beispielsweise schälen oder in gleichmäßige Stücke schneiden lassen.

Alte Kartoffelsorten sind oft komplizierter im Anbau und für die standarisierte Weiterverarbeitung schlechter geeignet, weil sie durch Ihre unterschiedlichen Formen und Größen Maschinen sie nicht verarbeiten können, da sie auf einheitliche Kartoffelgrößen und – formen angewiesen sind.

---

[3]   Bundessortenamt (2010): http://www.bundessortenamt.de/internet30/index.php?id=12

b) Unkritische Konsumenten und falsche Preise im konventionellen Anbau

Ausgewählt werden die Kartoffeln vom Kunden überwiegend über äußere Merkmale. Kartoffelsorten für den Frischmarkt müssen folglich formschön sein, eine glatte Schale haben und sich gut waschen und polieren lassen. „Innere Werte", wie Geschmack, werden derzeit leider zu wenig honoriert.[4] Zu diesen Äußerlichen Merkmalen kommt noch der Preis der Kartoffel hinzu. Die Kunden in Deutschland kaufen Ihre Lebensmittel hauptsächlich nach dem billigsten Preis. So produzieren die Anbauer so, dass sie Kartoffeln möglichst billig anbieten können. Um 1900 mussten die Deutschen noch über die Hälfte Ihres Einkommens für Lebensmittel ausgeben, heute sind es noch 15 %.[5] Gründe dafür sind die Industrialisierung und das Aufkommen von Lebensmitteldiscountern wie Aldi, Lidl und Penny, deren Kunden den Preisdruck auf die Produktion von Kartoffeln verschärft haben. Nach einer Eurostat-Statistik der Europäischen Kommission liegt die Ausgabe für Lebensmittel im Durchschnitt bei 19,4 %. In Deutschland wird für Lebensmittel so wenig Geld ausgegeben, wie in kaum einem anderen europäischen Land. [6] Lebensmittel haben jedoch Ihren Preis. Preise üben eine entscheidende Signalfunktion im Markt aus und bestimmen maßgeblich das Verbraucherverhalten. Andersherum richten sich die Kartoffelbauer, um den bestmöglichen Verkaufspreis für sein Produkt zu erzielen, nach dem Verbraucherhalten (Nachfrage).[7] Verbraucher haben daher die Macht zu entscheiden, welche Produkte sie kaufen möchte und welche nicht. Um Verbrauchern diese „Schiedsrichterfunktion" im Markt zu ermöglichen, müssen Preise die Qualität die Kosten eines Produktes widerspiegeln. Im Falle der Lebensmittelpreise ist diese Forderung kaum erfüllt. Steuersubventionen in Milliardenhöhe, die Verlagerung von Umweltkosten auf die Allgemeinheit und die Verringerung der Produktionskosten durch den Zusatz von billigen, chemischen Zusatzstoffen verzerren die Preise. Das Gutachten des von der Bundesregierung beauftragten Sachverständigenrates für Umweltfragen (SRU) aus dem Jahre 2004 bilanziert bezogen auf die konventionelle Landwirtschaft: „Die Landwirtschaft bleibt insgesamt einer der wichtigsten Verursacher von Belastungen der Ökosysteme und der Reduzierung der Biodiversität, für Beeinträchtigungen der natürlichen Bodenfunktionen, für Belastungen von Grund- und Oberflächengewässern und in der Folge von Nord- und Ostsee sowie für die Verminderung der Hochwasserrückhaltekapazität

---

4   Foodmonitor (2010): Im Jahr der Biodiversität: Die Kartoffel als Verwandlungskünstlerin. http://www.food-monitor.de/2010/09/im-jahr-der-biodiversitaet-die-kartoffel-als-verwandlungskuenstlerin/lebensmittel/ratgeber (Zugriff am 12.12.2010).

5   Statistisches Bundesamt (2009): Ausgaben für Nahrungsmittel in Deutschland. http://de.statista.com/statistik/daten/studie/75719/umfrage/ausgaben-fuer-nahrungsmittel-in-deutschland-1900-bis-2008 (Zugriff 12.12.2010).

6   Eurostat (2008): Einkommens- und Verbrauchsstichprobe privater Haushalte 2005 in der EU27. http://europa.eu/rapid/pressReleasesAction.do?reference=STAT/08/88&format=HTML&aged=0 &language=DE&guiLanguage=en (Zugriff 12.12.2010).

7   Vgl. Angebot und Nachfrage in: Stocker (2009), Moderne Volkswirtschaftslehre, S.124.

der Landschaft."[8] Diese Schäden entstehen im konventionellen Kartoffelanbau beispielsweise durch Phosphate, Nitrate und Bestandteile von chemischen und mineralischen Pflanzenschutz- und Düngemittel werden.[9] Für diese Schäden muss die Allgemeinheit bezahlen. Die Kosten tauchen deshalb im Erzeugerpreis von konventionell hergestellten Kartoffeln nicht auf. Bei der ökologischen Produktion fallen diese Kosten in weit geringerem Umfang an, weil beispielsweise im Kartoffelanbau auf chemische Spritzmittel und Mineraldünger verzichtet wird.[10] Die Preisfrage bleibt jedoch die entscheidende Frage für die Verbraucher. Denn nach einer Studie von Foodwatch[11] bringen viele Verbraucher zwar ihre Sympathie für Bioprodukte zum Ausdruck, aber fast zwei Drittel geben als Grund für die Kaufzurückhaltung zu hohe Preise von Bioprodukten an. Immerhin die Hälfte der Befragten findet Mehrpreise von zehn Prozent für Bio akzeptabel - und 10 Prozent würden sogar einen Öko-Zuschlag von 30 Prozent verstehen. Noch höhere Mehrpreise wollen die wenigsten akzeptieren.[12] Alte Kartoffelsorten werden jedoch fast ausschließlich durch den ökologischen Anbau produziert[13] und vertrieben. Alte Kartoffeln sind also schon vor dem Hintergrund teurer und dadurch von den Konsumenten weniger nachgefragt. Dazu kommt, dass einige Kartoffelsorten schwieriger im Anbau und dadurch kostenintensiver sind, als aktuelle Hochleistungskartoffeln. Für die konventionelle Landwirtschaft sind alte Kartoffelsorten aus dem Grund der schlechten Industriellen Weiterverarbeitbarkeit (s.o.) und höheren Produktionskosten aufgrund von Anbauschwierigkeiten uninteressant - weil unlukrativ. Unlukrativ aus diesem Grund, weil die Mehrzahl der Verbraucher den billigst möglichen Preis der Kartoffel nachfragen. Konventionelle Anbauer können sich daher diesen Luxus nicht gönnen – sie wären schnell von der nächst billigeren Konkurrenz vom Markt verdrängt.

---

8   Sachverständigenrates für Umweltfragen (2004): Umweltgutachten 2004 S. 173.

9   Das Bundesumweltamt weist in seiner aktuellen Studie zur Grundwasserqualität daraufhin, dass bei Messestellen, die sich in der Nähe von Acker- und Siedlungsflächen befinden, der Anteil der Messstellen mit Nitratkonzentrationen von mehr als 50 mg/l auf 24 % steigt und 16 % steigt und schlussfolgert daraus, dass der Eintrag von Stickstoff aus der Landwirtschaft ist somit die Hauptursache für die Belastung des Grundwassers durch Nitrat ist: Umweltbundesamt Wasserwirtschaft in Deutschland Teil 2. Gewässergüte (2010): http://www.umweltdaten.de/publikationen/fpdf-l/3470.pdf, S.20.
Weiterhin nimmt das Umweltamt ökologisch bewirtschaftete Äcker von der Berechnung der Absätze in der Pflanzenschutz- und Düngerabsatzstatistik heraus, weil im ökologischen Anbau diese Substanzen, die sich in Böden, Oberflächengewässern und Grundwasser anreichern nicht verwendet werden: Umweltbundesamt (2009) http://www.umweltbundesamt-daten-zur-umwelt.de/umweltdaten/public/theme.do?nodeIdent=2878 (Zugriff 11.12.2010).

Bioland (2010): Richtlinien, S. 8-10; Demeter (2009):Erzeugungsrichtlinien für die Anerkennung der Demeter-Qualität, IV.3 S. 1-4.

11   IWÖ (2005): Was kostet ein Schnitzel wirklich?, S. II.
12   Dieselbe. Was kostet ein Schnitzel wirklich? S. 12.
13   Beispielsweise von Carsten Ellerbeck: http://www.kartoffelvielfalt.de/.

c) Gesetzlicher Sortenschutz und Biodiversität

Damit eine Kartoffelsorte in Deutschland als Pflanzgut an die Anbauer verkauft und vermarktet werden kann, braucht sie eine Zulassung beim Bundessortenamt, die sich nach dem Saatgutverkehrsgesetz richtet.[14] Hier liegen weitere Hindernisse für alte Kartoffelsorten. Private Initiativen und Erhaltungsorganisationen, die Saatgut von alten oder seltenen Sorten austauschen und weitergeben, sind von dieser Regelung nur dann nicht betroffen, wenn die beteiligten Personen nicht gleichzeitig kommerzielle Saatgutanbieter sind und bestimmte, geringe Mengenobergrenzen nicht überschritten werden. Bislang gab es jedoch keine Möglichkeit, Saatgut von Lokalsorten oder regional angepassten Sorten in größeren Mengen am Markt verfügbar zu machen, ohne das reguläre Zulassungsverfahren zu durchlaufen – eine auch aus finanzieller Hinsicht unüberwindliche Hürde, denn die Zulassung einer Kartoffelsorte ist nicht günstig. Voraussetzung für die Neuzulassung, als auch für die Zulassung als Erhaltungssorte ist außerdem, dass eine Sorte unterscheidbar, homogen und beständig ist.[15] Lokalsorten oder regional angepasste Sorten kennzeichnet indes gerade, dass ihre Populationen eine sehr große genetische Breite und Vielfalt aufweisen. Durch die Ausschließlichkeit der Saatgutverkehrsbestimmungen und durch die Zugrundelegung von Einheitlichkeitskriterien in der Sortenzulassung wird die genetische Erosion vorangetrieben, die Uniformität sowohl zwischen als auch innerhalb der zum Einsatz kommenden Sorten gefördert und damit eine zunehmende Destabilisierung der Agrarökosysteme bewirkt. Die hohen Anforderungen an die Homogenität von Sorten in der Zulassung rühren jedoch nicht zuletzt daher, dass sie eine notwendige Voraussetzung für den Sortenschutz darstellen. Jener wiederum ist eigentlich ein privatrechtlicher Schutz, der aber auch in das behördliche Zulassungsverfahren hineinwirkt und von diesem sozusagen vorweggenommen wird – auf Kosten der Diversität.[16]

Eine Kartoffel steht, hat sie die Zulassung erhalten, 30 Jahre lange unter Sortenschutz. Nach der Zulassung können Lizenzgebühren für den Anbau dieser Kartoffelsorten verlangt werden können. Nach Ablauf der 30 Jahre ist der Sortenschutz nur nach oder vor diesem Zeitraum durch den eingetragenen Züchter rückruf- oder verlängerbar.[17] Eine Widerzulassung von bereits bestehenden Kartoffelsorten scheint unüblich zu sein. Darauf deutet hin, dass es keine Wiederzulassung für „abgelaufene" Sorten gibt. Es gibt lediglich die Möglichkeit zur Neuzulassung oder Zulassung als Erhaltungssorte. Hintergrund ist, dass es für die konventionellen Saatgutbanken uninteressant ist, alte Kartoffelsorten wiederzuzulassen oder als

---

14   Saatgutverkehrsgesetz (SaatG) vom 16. Juli 2004 (BGBl. I S. 1673), zuletzt geändert durch Artikel 192 der Verordnung vom 31. Oktober 2006 (BGBl. I S. 2407).
      http://www.bundessortenamt.de/internet30/index.php?id=82.
      EG Kommission (2008): Richtlinie 2008/62/EG vom 20. Juni 2008, §4 Satz 1.
16   Vgl. dazu MOONEY (1983): S. 363.
17   EG Kommission (2002): Katalogrichtlinie" (2002/53/EG (2) für landwirtschaftliche Arten beziehungsweise 2002/55/EG (3) für Gemüsearten.

Erhaltungssorte zuzulassen, da sie hierfür keine Lizenzgebühr mehr einnehmen könnten. Aber auch die Möglichkeit der Zulassung als Erhaltungssorte.[18] steht den rein wirtschaftlichen-orientierten Saatgutbanken entgegen, dass diese Erhaltungssorten außer den entgehenden Lizenzgebühren mengenmäßig nur extrem eingeschränkt kommerziell vermarktet werden können. Desweiteren müssen sie nur in Ihrer Herkunftsregion angebaut, in verkehr gebracht werden und „in den letzten zwei Jahren bzw. in den zwei Jahren nach Ablauf des Zeitraums aus dem gemeinsamen Katalog gestrichen worden sein. Weil das Erhaltungssortensaatgut nach Artikel 10 Absatz 2 zudem "von Saatgut abstammen [muss], das nach den Regeln systematischer Erhaltungszüchtung erzeugt wurde"[19] können Konzerne wahrscheinlich in sehr vielen Fällen effektiv verhindern, dass eine ehemals geschützte Sorte als gemeinfreie Erhaltungssorte weiterlebt

Die Erhaltung von alten Kartoffelsorten wird also durch die für sie schwer zu erreichende Zulassungskriterien, den damit verbundenen Kosten und den starken Einschränkungen bei der alternativen Zulassung als Erhaltungssorte in Bezug auf Anbau und Vermarktung durch rechtliche Grundlagen beim Sortenschutz gehindert. Die Gesetzgebung ist offensichtlich nicht an einer großen kommerziellen Vermarktung und Erhaltung von alten Kartoffelsorten interessiert und macht es dadurch auch uninteressant für rein kommerziell wirtschaftende Saatgutbanken diese (weiter) zuzulassen oder anzubauen und gibt ihnen durch die Regelungen des Artikel 10 und 15 zusätzlich die Grundlage die Zulassung von bestehenden Kartoffelsorten durch Erhaltungsorganisationen zu verhindern.[20]

d) Die Monopolisierung der Kartoffel und „Monsantosizing"[21]

Das patentieren von neuen Kartoffelsorten und die damit verbundene Einnahme von Lizenzgebühren ist ein lukratives Geschäft. Minimale Veränderungen am Erbgut berechtigten den Erschaffer dazu, ein Patent beim Sortenschutzamt auf diese Kartoffelsorte zu erhalten. Dies hat zu einem Phänomen geführt, dass die Gene der Kartoffel zunehmend exklusiven Monopolrechten unterworfen werden: Neuerdings werden weltweit immer mehr Patente angemeldet, die sich sogar auf die konventionellen Zuchtgene (i.S. von bereits vorhandenen

---

[18]   Dieselbe (2008): RICHTLINIE 2008/62/EG vom 20. Juni 2008.
[19]   „Jeder Mitgliedstaat sorgt dafür, dass die Menge des in den Verkehr gebrachten Saatguts einer jeden Erhaltungssorte die größere der beiden folgenden Mengen nicht übersteigt: 0,5 % des Saatguts derselben Art, das in dem jeweiligen Mitgliedstaat in einer Vegetationsperiode verwendet wird, oder die Menge, die benötigt wird, um eine Fläche von 100 ha einzusäen. Gleichwohl darf die Gesamtmenge des in den einzelnen Mitgliedstaaten in den Verkehr gebrachten Saatguts von Erhaltungssorten 10 % des jährlich im betreffenden Mitgliedstaat verwendeten Saatguts der jeweiligen Art nicht übersteigen."
        EG Kommission (2008): Richtlinie 2008/62/EG vom 20. Juni 2008. Kapitel II Artikel 13 und 14.
[20]   Wie zuletzt bei dem Streit um die Kartoffelsorte „Linda" zu beobachten.
[21]   http://www.keinpatent.de/index.php?id=138

Genmaterial) von Kulturpflanzen erstrecken.[22] Der Trick dabei ist, das das Patent Teile des pflanzlichen Erbguts (Genoms) abdeckt und für die konventionelle Züchtung ebenso wie für neue Techniken, die die Züchtung verbessern sollen, zum Beispiel "marker-assisted-breeding"[23] gilt. Analog zur Kartoffel als wichtiges Welternährungsmittel ist hier ein Beispiel zum Monopolisierungsversuch des Welternährungsmittel Reis genannt: Einige der umstrittensten Patente hält Syngenta[24], ein Agrar-Konzern, der große Teile des Reis-Genoms zum Patent angemeldet hat. Dabei wird auch die Züchtung von anderem Getreide erfasst, das ein ähnliches Erbgut hat wie der Reis. Die Gene dieser konventionellen Kulturpflanze werden also von den Konzernen als eigene Erfindung beansprucht. Dies könnte analog auch in Bezug auf die Kartoffel geschehen. Wenn also eine Patentsierung des gesamten Genoms der Kartoffel in Ihrer Rolle als Welternährungsmittel (auf das also die Weltbevölkerung angewiesen ist) dem Saatgutzüchter die Monopolstellung im Saatgutverkauf zufallen würde, dann wäre die Folge, dass fast jedes Gen in der Kartoffel von dieser Saatgutbanken patentiert wäre, somit sortengeschützt und Lizenzgebühr verpflichtet wäre. die Saatgutbank könnte damit das Weltgeschäft mit der Kartoffel kontrollieren – und erhielte eine Monopolstellung. Dies ermöglicht den Konzernen die totale Kontrolle über das Saatgut und die Entscheidung, welche Lebensmittel auf den Markt kommen, wie die erzeugt werden und vor allem zu welchem Preis das Saatgut verkauft werden kann. Ein Beispiel für Bestrebungsversuche dieser Art zeigt außer Syngenta auch der Agrarkonzern Monsanto[25]. Dieser verkauft auch heute schon Hybridhochleistungssorten, die nur einmal ausgesät werden können und dadurch immer wieder nur bei ihm nachgekauft werden können. Für diese Hybridsorten braucht der Anbauer spezielle hauseigene Dünge- und Pflanzenschutzmittel. So müssen die Landwirte jedes Jahr wieder Ihr Saatgut von den Konzernen und die dazugehörigen chemischen Pflanzenschutz- und Düngemittel kaufen und geraten so in zunehmende Abhängigkeit von den Konzernen der Agrochemie und Saatgutindustrie. Oft sind diese Sorten auch gentechnisch „optimiert".[26] Die Monopolisierung des Kartoffelsaatguts hätte in Bezug auf die Erhaltung von alten Kartoffelsorten zur Folge, dass die Monopolsaatgutkonzerne über Ihre Vermarktung entschieden. Und diese Unternehmen haben für gewöhnlich kein Interesse an Ihrer Erhaltung (Vgl. 3 a) b) c)).

4. Folgen des Verlustes der Sortenvielfalt

Die Folgen des Verlustes der Sortenvielfalt hat zufolge, dass wertvollen genetische Veranlagungen (Resistenzen, Nährwerte etc.) für immer verlorengehen, die eventuell in Zukunft

---

[22]   Then (2005): Patente des US-Konzerns Monsanto.

[23]   Vgl. FAO (2007): Marker assisted Breeding, S. 27.
[24]   http://www.syngenta.de
[25]   http://www.monsanto.de
[26]   BASF (2010): Amflora. http://www.basf.com/group/corporate/de/products-and-industries/biotechnology/plant-biotechnology/amflora (Zugriff 12.12.2010).

gebraucht werden könnten, damit sich die Kartoffel auf veränderte Umweltbedingungen wie zum Beispiel klimatische Veränderungen oder neue Krankheiten anpassen kann. Ein großer Genpool der Kartoffel ist also essentiell und das Anbauen von verschiedensten Kartoffelsorten minimiert damit das Risiko von Erntetotalausfällen.[27] Wenn Kartoffeln in Regionen angebaut werden sollen, wo sie zuvor nicht gewachsen sind, müssen sie an die Bedingungen des neuen Standortes angepasst werden. Dies betrifft zum Beispiel die Ausweitung des Kartoffelanbaus in Afrika. Dies wäre bei einem zu kleinen Genpool nicht mehr möglich. Außerdem zeigt sich eine große Gefahr, dass die genetische Vielfalt der Kartoffel von einigen wenigen Unternehmen weltweit monopolisiert wird. Das hat zur Folge, dass Anbauer hohe Lizenzgebühren für die Saat bezahlen müssen und meist noch Zusatzkosten für die speziellen dazugehörigen Pflanzenschutz- und Düngemittel zahlen müssen. Dies kann für die Kartoffelanbauer mitunter existenzgefährdend sein, da der Kauf des Saatguts etwa 50% der Produktionskosten ausmacht. Dies hätte nicht nur Auswirkungen auf die Industriestaaten, sondern auch auf die Entwicklungsländer. Diese sind auf einen niedrigen Preis des Pflanzgut angewiesen und wenn die Preise stiegen, könnte dieses Grundnahrungsmittel für sie nicht mehr erschwinglich sein und so neue Hungerkrisen die Folge sein. Die Monopolisierung von einigen wenigen Kartoffelsorten bedeutet auch, dass der Anbauer als auch der Verbraucher kein Wahlrecht mehr darüber hat, welche Sorten er anbauen oder essen möchte. Das bezieht sich nicht nur auf die Sorten selbst, sondern kann sich auch darauf beziehen, ob der Anbauer/Verbraucher gentechnisch manipulierte Sorten anbauen/essen möchte oder nicht. Da die großen Konzerne Monsanto, Dupont und Syngenta vor allem auch mit gentechnisch manipulierten Saatgut handeln, bestünde die Gefahr, dass der Verbraucher solches Saatgut nicht mehr verweigern könnte. Artenvielfalt auf dem Teller heißt außerdem Genuss, Vielfalt der Nährstoffe, Gesundheit.

5. Fazit

Zusammenfassend bleibt also zu sagen, dass Verschwinden von alten Kartoffelsorten seine Ursache auf verschiedenen Ebenen hat; auf Ebene der Wirtschaft und Industrie, der Regierung und der des Verbrauchers. Für die rein wirtschaftlich interessierte Kartoffelindustrie ist aufgrund des schwierigeren Anbaus, den daraus resultierenden höheren Kosten beim Anbau durch intensivere Pflege uninteressant. Außerdem sind alte Kartoffelsorten oft weniger ertragreich als Hochleistungskartoffeln und können durch Ihre unterschiedliche Form und Größe schlechter industriell zu Kartoffelfertigprodukten weiterverarbeitet werden. Die Regierung legt den Kartoffelerhaltungsorganisationen Steinen in den Weg, in dem sie die

---

[27] Ein zu geringer Genpool bzw. der Anbau von nur zwei Kartoffelarten, die beide anfällig für die Kartoffelfäule waren, war auch die Ursache für Missernten in Irland während des Portato Amine (1845-1849): Bundesministerium für Bildung und Forschung (2002): Kleiner Pilz mit großer Wirkung: http://www.biosicherheit.de/basisinfo/257.pilz-grosser-wirkung.html (Zugriff am 12.12.2010).

Neuzulassung oder auch die Zulassung als Erhaltungssorte an schwer zu erfüllende Bedingungen knüpft und der Saatgutindustrie durch Artikel 12 und 15 die Möglichkeit bietet, Bestrebungen eine lizenzfreie Kartoffel weiteranzubauen einfach zu unterbinden. Die Zulassung als Erhaltungskartoffel ist ferner für rein-wirtschaftlich interessierte Unternehmen uninteressant, da sie starken Reglementierungen im Anbau und Verkauf unterliegt und daher nicht für den massenhaften Verkauf geeignet ist. Weiterhin betreiben große Saatgutkonzerne wie Monsanto, Syngenta und DuPont die Monopolisierung des Saatgutes voran. Dies schränkt das Wahlrecht der Verbraucher in Bezug auf die Auswahl der Kartoffel ein, der Markt würde quasi von den Konzernen diktiert, welche Kartoffeln angebaut und konsumiert werden. Dies bezieht sich auf die freie Wahl von gentechnisch manipulierten Kartoffeln. Auf Ebene der Verbraucher greifen diese in der Masse zu den billigst-möglichen Kartoffeln und fördern durch das Marktprinzip von Angebot und Nachfrage die Produktion von möglichst großen, glatten und ertragreichen Kartoffelsorten. Die Folge des Rückgangs der Artenvielfalt bedeutet, dass die Kartoffel sich beispielsweise schlechter auf klimatische Unterschiede oder Krankheiten anpassen lässt und dadurch Totalernteausfälle und Hungerkatastrophen in Ihrer Bedeutung als Top-5-Welternährungsmittel drohen. Und nicht zuletzt geht der vielfältige Geschmack der Kartoffel verloren.

6. Literaturnachweis

Bioland   Richtlinien 2010.
http://www.bioland.de/fileadmin/bioland/file/bioland/qualit
aet_richtlinien/2010-03-15_Bioland_Richtlinien.pdf

Bundessortenamt   Saatgutverkehrsgesetz (SaatG) vom 16. Juli 2004
(Bundesgesetzblatt I S. 1673), zuletzt geändert durch Artikel
192 der Verordnung vom 31. Oktober 2006 (BGBl. I S. 2407).

Demeter   Erzeugungsrichtlinien für die Anerkennung der Demeter-
Qualität (2009).
http://demeter.de/index.php?id=1521&MP=13-
1491&no_cache=1&file=10&uid=343

EG-Kommission   Richtlinie 2008/62/EG vom 20. Juni 2008. Amtsblatt der
Europäischen Union L 162/13.

Katalogrichtlinie 2002/53/EG (2) für landwirtschaftliche Arten
beziehungsweise 2002/55/EG (3) für Gemüsearten
Amtsblatt der Europäischen Union L 162/13.

Richtlinie 2008/62/EG vom 20. Juni 2008. Amtsblatt der
Europäischen Union L 162/13.

Guimarães, Elcio P.   Food and Agriculture Organization of the United Nations
Ruane, John   (Hrsg.): Marker assisted Breeding. Current status and future
Scherf, Beate   perspectives in crops, livestock, forestry and fish. Electronic
Sonnino, Andrea   Publishing 2007.
Dargie, James

Institut für ökologische   „Was kostet ein Schnitzel wirklich? Ökologisch-ökonomischer
Wirtschaftsforschung   Vergleich der konventionellen und der ökologischen
Produktion von Schweinefleisch in Deutschland". IÖW-
Schriftenreihe Nr. 171/04.

International Society for   International Code of Nomenclature for Cultivated Plants, 7th
Horticultural Science   edition. Bd. 647, Acta Horticulturae: 2004.

Mooney, Pat Roy   The Law of the Seed.Development Dialogue. Dag
Hammerskjöld Stiftung, Uppsala, 1983.

Sachverständigenrat für   Umweltgutachten 2004. Umweltpolitische Handlungsfähigkeit
Umweltfragen   sichern.
http://www.umweltrat.de/cae/servlet/contentblob/465772/p
ublicationFile/34305/2004_Umweltgutachten_Kurzfassung.pdf

Stocker, Ferry

Moderne Volkswirtschaftslehre. Logik der Marktwirtschaft. 6. Auflage, Oldenbourg Wissenschaftsverlag: München 2009.

Then, Christoph

Patente des US-Konzerns Monsanto. http://www.greenpeace.de/fileadmin/gpd/user_upload/them en/patente_auf_leben/greenpeace_patente_von_monsanto.pdf. Greenpeace: Hamburg 2005.

Umweltbundesamt

Wasserwirtschaft in Deutschland Teil 2. Gewässergüte (2010). http://www.umweltdaten.de/publikationen/fpdf-l/3470.pdf.